Borboletas

Evoneo Berti Filho
João Angelo Cerignoni

Evoneo Berti Filho
João Angelo Cerignoni

Departamento de Entomologia
e Acarologia – Esalq/USP

Borboletas

FEALQ

Av. Centenário, 1080
13416-000 Piracicaba, SP, Brasil

Fone: 19-3417-6600
Fax: 19-3422-2755

livros@fealq.org.br
fealq.org.br

Dados Internacionais de Catalogação na Publicação (CIP)
DIVISÃO DE BIBLIOTECA E DOCUMENTAÇÃO - ESALQ/USP

Berti Filho, Evoneo

Borboletas / Evoneo Berti Filho e João Angelo Cerignoni. — Piracicaba: FEALQ, 2010.
96 p. : il.

Bibliografia.

1. Borboletas - Exposições 2. Insetário I. Cerignoni, J. A. II. Título

CDD 595.78
B543b

ISBN 978-85-7133-068-9

AUTORES

Evoneo Berti Filho

Engenheiro agrônomo, doutor em Ciências, professor titular do Departamento de Entomologia e Acarologia da Esalq/USP – Piracicaba.

Graduado em Engenharia Agronômica pela Escola Superior de Agricultura "Luiz de Queiroz" (1970).

Mestrado em Entomologia pela Escola Superior de Agricultura "Luiz de Queiroz" (1972).

Doutorado em Entomologia pela Escola Superior de Agricultura "Luiz de Queiroz" (1974).

Pós-doutorado pela University of California-Berkeley (1976).

Atualmente é professor titular da Universidade de São Paulo.

João Angelo Cerignoni

Técnico em Agropecuária, técnico de laboratório do Departamento de Entomologia e Acarologia da Esalq/USP – Piracicaba.

Técnico em Agropecuária pela Etaesg Dr. José Coury (1986).

Técnico de laboratório no Departamento de Entomologia da Esalq/USP (1988).

Experiência nas áreas de Controle Biológico, Entomologia Geral e Florestal, atuando principalmente nos estudos de biologia e criação de lepidópteros e de plantas-alimento alternativas em criadouros artificiais (borboletários).

Intercâmbio de conhecimento na criação de borboletas em cativeiro através de visitas aos principais criatórios de Santa Catarina, Paraná, São Paulo e Minas Gerais.

O borboletário é importante para a
conservação do meio ambiente,
pois promove o resgate,
o repovoamento e a reintrodução
de espécies no seu *habitat*.

SUMÁRIO

PREFÁCIO

Insetos são os organismos mais abundantes do reino animal da Terra. Respondem por cerca de 80% de todos os organismos vivos do planeta. Os coleópteros (Ordem Coleoptera) compõem a ordem de maior número de espécies; os lepidópteros, mariposas e borboletas (Ordem Lepidoptera), vêm em segundo lugar em número de espécies.

Lepidópteros são insetos de desenvolvimento completo (holometábolos). Apresentam as fases de ovo, larva (que em Lepidoptera é denominada lagarta), pupa ou crisálida e adulto. As lagartas são mastigadoras; já os adultos têm o aparelho bucal do tipo sugador maxilar ou sifonador, formado por uma probóscis ou espirotromba. Por serem mastigadores na fase imatura (de lagarta) e sugadores na fase adulta, os lepidópteros são classificados como metagnatos. Embora ocorram espécies de lepidópteros consideradas pragas em áreas agrícolas, em florestas e em locais de armazenagem de alimentos, entre outras, eles são considerados os mais eficientes polinizadores, depois das abelhas.

Os lepidópteros noturnos, chamados de mariposas, podem apresentar lagartas urticantes e pupa envolvida em casulo. Os lepidópteros diurnos e os vespertinos, chamados de borboletas, não têm lagartas urticantes e não constroem casulo.

Os lepidópteros ocorrem em quase todos os ecossistemas terrestres, principalmente nas matas e florestas das regiões tropicais e subtropicais, onde a diversidade de espécies é grande. Entretanto, a ação antrópica (do homem) tem modificado e/ou destruído extensas áreas verdes de matas e florestas e colocado em risco de extinção inúmeras espécies de borboletas.

Este livro apresenta algumas das espécies de borboletas que ocorrem no Brasil, com informações sobre os estágios de desenvolvimento até a fase adulta e sobre as plantas hospedeiras das lagartas.

METAMORFOSE

Após a postura dos ovos, as lagartas eclodem e passam por vários ínstares (idades), até chegarem à fase de pupa, quando emerge o adulto. Veja a seguir a metamorfose completa da espécie *Danaus plexippus erippus*, popularmente conhecida como monarca. A planta hospedeira de ovos e lagartas é a espécie *Asclepias curassavica*, popularmente conhecida como leiteira ou oficial-de-sala.

OVO

LAGARTA

PUPA NOVA

PUPA MADURA

ADULTO EMERGINDO

ESTICANDO AS ASAS

ADULTO

FAMÍLIA

PIERIDAE

Ascia monuste

PUPA

LAGARTA

- **Nome:** *Ascia monuste*
- **Família:** Pieridae
- **Sub-família:** Pierinae
- **Planta hospedeira:** *Brassica oleracea*
- **Biologia**

O curuquerê-da-couve, *Ascia monuste*, é uma das pragas-chave da couve em regiões de temperatura elevada, podendo ocasionar prejuízos de até 100% na produção.

Essa borboleta é muito comum em todo o Brasil. Alcança até 6 cm de envergadura e pode ser observada mesmo nas ruas das cidades grandes. Os ovos, de cor amarela, são postos na superfície das folhas de couve ou de outras crucíferas. As lagartas são muito vorazes: devoram as folhas de crucíferas em pouco tempo. É uma borboleta de fácil criação e, sem dúvida, pode ser utilizada em borboletários.

Melete lysimnia

PUPA

LAGARTA

- **NOME:** *Melete lysimnia*
- **FAMÍLIA:** Pieridae
- **SUB-FAMÍLIA:** Pierinae
- **PLANTA HOSPEDEIRA:** *Phoradendron affine*
- **BIOLOGIA**

Esse inseto ocorre em erva-de-passarinho, com mais frequência na primavera, no verão e no início do outono, quando os adultos sobrevoam a planta hospedeira, acasalando e fazendo a postura.

Os ovos, coletados no campo, apresentam 80% de viabilidade, pois não foi parasitado todo o material, tendo ocorrido apenas o ataque do fungo entomopatogênico *Metarhizium anisopliae*. Em pupas coletadas no campo foi observada a ocorrência do himenóptero parasitoide *Brachymeria* sp. (Hymenoptera, Chalcididae).

Eurema deva

PUPA

LAGARTA

- **Nome:** *Eurema deva*
- **Família:** Pieridae
- **Sub-família:** Coliadinae
- **Planta hospedeira:** *Senna occidentalis*
- **Biologia**

Chega a uma envergadura de até 5 cm. Pode ser encontrada em jardins, matas e nos sub-bosques, onde voa rapidamente, desde o nível do chão até a altura de 5 metros. A postura é feita em brotos ou nas folhas jovens de *Senna ocidentalis*, onde as lagartas se desenvolvem, confundindo-se com as cores da planta e tornando-se imperceptíveis quando em repouso. A pupa é bem característica dos pierídeos. Quando os adultos emergem, em média em sete dias, estão prontos para voar. Essa espécie, assim como outros pierídeos, se alimenta em grandes grupos, em poças ou terrenos úmidos, com substâncias ricas em nitratos para sua maturação sexual. Esse comportamento ocorre durante a fase inicial da vida adulta dos machos.

Eurema albula

PUPA

LAGARTA

PIERIDAE

- **Nome:** *Eurema albula*
- **Família:** Pieridae
- **Sub-família:** Coliadinae
- **Planta hospedeira:** *Senna occidentalis*
- **Biologia**

O adulto é bem pequeno: mede 3,5 cm de envergadura de asa. De cor predominantemente branca, esses insetos possuem manchas pretas nos ápices das asas anteriores. Podem ser encontrados nos sub-bosques e em áreas de plantios agrícolas, onde voam lentamente a pouco mais de um metro do nível do chão. A postura é feita em brotos ou nas folhas jovens de *Senna occidentalis* ou *Senna hirsuta*, onde as pequenas e verdes lagartas se desenvolvem, confundindo-se com as cores da planta. A pupa é característica dos pierídeos e, quando emergem, os adultos procuram alimento aos bandos em pequenas plantas floridas. É espécie de fácil criação, e os adultos se comportam muito bem em cativeiro, alimentando-se, copulando e fazendo a postura.

Phoebis argante argante

PUPA

LAGARTA

- **Nome:** *Phoebis argante argante*
- **Família:** Pieridae
- **Sub-família:** Coliadinae
- **Planta hospedeira:** *Inga uruguensis*
- **Biologia**

Inseto bastante comum, que pode ocorrer em áreas de matas, de plantios e urbanas. Seu voo é bem rápido e só é interrompido quando encontra flores. A postura é feita na mais nova das brotações, onde os ovos, bastante cilíndricos e pontudos, são colocados. Assim como sua planta preferida, o ingá, as outras espécies em que põe seus ovos também possuem nectário floral (glândula que produz o néctar) que alimenta algumas espécies de formigas. Estas defendem a planta contra possíveis danos, e os ovos de lepidópteros, considerados invasores, são destruídos assim que são postos. Contudo, existem algumas estratégias para criar lagartas, isolando galhos com algum tipo de tecido e impedindo, assim, a ação das formigas. As lagartas e as pupas verdes se confundem com o *habitat*.

Phoebis philea

PUPA

LAGARTA

- **Nome:** *Phoebis philea*
- **Família:** Coliadinae
- **Sub-família:** Pierinae
- **Planta hospedeira:** *Cassia siamea*
- **Biologia**

Alcança uma envergadura de até 9 cm. Pode ser encontrada em jardins e matas, voando rapidamente, desde o nível do chão até as copas das árvores mais altas. A postura é feita em brotos ou nas folhas jovens de fedegoso ou de ingazeiro. A coleta do adulto é dificultada devido ao seu voo muito rápido. O macho é de coloração amarela como a gema de ovo; a fêmea tem coloração mais clara.

Phoebis sennae

PUPA

LAGARTA

- **Nome:** *Phoebis sennae*
- **Família:** Pieridae
- **Sub-família:** Coliadinae
- **Planta hospedeira:** *Cassia* sp.
- **Biologia**

Chega a uma envergadura de até 10 cm. Pode ser encontrada em jardins e matas, voando rapidamente, desde o nível do chão até as copas das árvores mais altas.

A postura é feita em brotos ou nas folhas jovens de *Cassia* sp., onde as lagartas se desenvolvem, confundindo-se com as cores da planta e tornando-se imperceptíveis quando em repouso. A pupa é característica dos pierídeos. Os adultos emergem e em poucos minutos voam em bandos. Este comportamento ocorre durante a fase inicial da vida adulta dos machos, quando se alimentam, em grandes grupos, em poças ou terrenos úmidos, de substâncias ricas em nitratos para a sua maturação sexual.

Dismorphia amphiona astynome

PUPA

LAGARTA

- **Nome:** *Dismorphia amphiona astynome*
- **Família:** Pieridae
- **Sub-família:** Dismorphiinae
- **Planta hospedeira:** *Inga uruguensis*
- **Biologia**

Trata-se de uma espécie nunca observada em criação de lepidópteros em cativeiro. Apresenta notável mimetismo com *Mechanitis* sp. (Nymphalidae Ithomiinae) e, provavelmente, uma fêmea foi coletada por engano como *Mechanitis* sp. no período final do outono, e solta nas instalações do borboletário. Fêmeas férteis procuram os ponteiros e folhas jovens de ingá, onde seus ovos são postos individualmente; assim conseguiram-se adultos que foram identificados como *Dismorphia amphiona astynome.*

FAMÍLIA

PAPILIONIDAE

Battus polydamas

PUPA

LAGARTA

- **Nome:** *Battus polydamas*
- **Família:** Papilionidae
- **Sub-família:** Papilioninae
- **Planta hospedeira:** *Aristolochia galeata*
- **Biologia**

Battus polydamas é um inseto comum, encontrado nas bordas de matas até em ambientes urbanos. Sua população é restrita à disponibilidade de sua planta-alimento, que geralmente ocorre em bordas de matas. Plantas do gênero *Aristolochia* spp. com frequência são eliminadas pela ação do homem, que invade as margens das matas para cultivo. Casais voam freneticamente em áreas com plantas que têm alto potencial de néctar, onde se alimentam e copulam. Seus ovos, de coloração amarela, são postos em grupos de três a cinco, sempre em brotações. As lagartas costumam se alimentar juntas até certa idade. São escuras e possuem apêndices em forma de espinhos. Quando perturbadas, podem, assim como todos os papilionídeos, exibir seu osmetério (órgão protrátil, bífido, de cor alaranjada, no dorso do segmento prototorácico da lagarta) do qual exala um odor fétido que serve para repelir seus inimigos naturais. Ao puparem, procuram um galho da própria planta. Em poucos dias emerge o adulto, que é de coloração negra, com manchas amarelo-limão no dorso e pequenas pintas avermelhadas no ventre. A maioria das pupas coletadas no campo apresentam parasitismo por himenópteros.

Parides neophilus

PUPA

LAGARTA

- **Nome:** *Parides neophilus*
- **Família:** Papilionidae
- **Sub-família:** Papilioninae
- **Planta hospedeira:** *Aristolochia* spp.
- **Biologia**

Adulto de voo rápido, irregular e sempre alto. Nas breves paradas, alimenta-se de flores que encontra pelas matas ou em sub-bosques. A postura é feita em plantas do gênero *Aristolochia*. É posto um único ovo nos ponteiros tenros. Trata-se de inseto nada comum. Dificilmente são encontradas várias lagartas em um mesmo hospedeiro. De forma um tanto assustadora, a lagarta é de coloração marrom-escura, tanto no dorso quanto no ventre. Possui protuberâncias no corpo, em forma de espinhos, nas cores preta e amarelada, servem de defesa quando ela é perturbada. Seu ciclo é longo e, quando se transforma em pupa, esta se confunde com o meio, pois é de coloração verde, mesclando-se com as folhas da hospedeira. O adulto é de coloração escura, quase negra, com manchas azuis no primeiro par de asas e vermelhas no segundo. A borboleta desse gênero é de difícil criação em cativeiro, pois, além de ser um inseto considerado raro, dificilmente se adapta a um borboletário telado, já que não se observa cópula e postura, em cativeiro.

Heraclides astyalus

MACHO

FÊMEA

PUPA

LAGARTA

- **Nome:** *Heraclides astyalus*
- **Família:** Papilionidae
- **Sub-família:** Papilioninae
- **Planta hospedeira:** *Citrus* spp., *Esenbeckia febrifuga*
- **Biologia**

Essa espécie apresenta dimorfismo e dicromatismo sexual quando adulta, sendo o macho menor, amarelo, com listras pretas, lembrando *Heraclides thoas brasiliensis*, que é bem comum, enquanto as fêmeas são escuras, com detalhes amarelos nas bordas das asas. Costumam, em cativeiro, ovipositar em plantas do gênero *Citrus* spp., nas quais colocam seus ovos aglomerados nas brotações e nas folhas jovens. Lagartas tímidas, alimentam-se isoladamente e são de crescimenton relativamente lento. Possuem coloração típica dessa espécie, predominando a cor preta, seguida da amarela, branca e laranja, mimetizando excrementos de pássaros. Quando pupam, após se fixarem, tornam-se de cor marrom ou esverdeada, mimetizando a ramificação da planta.

Heraclides anchisiades capys

PUPA

LAGARTA

PAPILIONIDAE

- **Nome:** *Heraclides anchisiades capys*
- **Família:** Papilionidae
- **Sub-família:** Papilioninae
- **Planta hospedeira:** *Citrus* spp.
- **Biologia**

Lepidóptero bastante comum, encontrado em áreas desmatadas, bordas de matas e normalmente em áreas urbanas ou onde existem plantas com flores. Dificilmente se distinguem machos de fêmeas e, quando soltos juntos em telado, acasalam facilmente. Após a cópula, as fêmeas procuram as plantas hospedeiras e colocam placas de ovos que podem chegar a cem por folha. Diferentemente de outros lepidópteros, essa espécie, também chamada rosa-de-luto, não prefere folhas jovens e oviposita em folhas mais maduras. Suas lagartas, após eclodirem, migram para as extremidades das folhas e, uma ao lado da outra, começam a devorá-las. Outra característica da espécie é que se alimentam e descansam sempre juntas. A lagarta apresenta cor e formato que mimetiza excrementos de pássaros. Também exala cheiro fétido por meio de seu osmetério, afugentando os inimigos naturais. É um inseto mal visto pelos produtores de citros, pois devora as folhas, comprometendo a produção.

Heraclides hectorides

MACHO

FÊMEA

PUPA

LAGARTA

- **NOME:** *Heraclides hectorides*
- **FAMÍLIA:** Papilionidae
- **SUB-FAMÍLIA:** Papilioninae
- **PLANTA HOSPEDEIRA:** *Citrus* spp.
- **BIOLOGIA**

Essa espécie é pequena, em relação à maioria dos papilionídeos, e os adultos também apresentam dimorfismo e dicromatismo sexual. As fêmeas são escuras, quase pretas, com detalhes brancos nos dois pares de asas e manchas avermelhadas no segundo par. Os machos são predominantemente pretos, apresentando também, na face dorsal, faixas de cor amarela nos dois pares de asas e pintas avermelhadas no segundo par. Assim como *Heraclides astyalus*, suas lagartas são tímidas, alimentam-se isoladamente e são de crescimento relativamente lento. A coloração é típica dessa espécie, predominando a cor preta, seguida da amarela, branca e laranja. A pupa é de coloração marrom ou esverdeada. Uma curiosidade é que algumas pupas de mesma idade entram numa espécie de dormência, e parte dos adultos emerge alguns meses depois da maioria, provavelmente uma estratégia de sobrevivência.

Heraclides thoas brasiliensis

PUPA

LAGARTA

- **Nome:** *Heraclides thoas brasiliensis*
- **Família:** Papilionidae
- **Sub-família:** Papilioninae
- **Planta hospedeira:** *Citrus* spp.
- **Biologia**

É uma espécie bastante comum no Brasil, com até 13 cm de envergadura. Vive nas matas, em regiões de clareiras ensolaradas e principalmente em bordas de matas. Ocorre durante o ano todo. Quando em repouso, as asas ficam distendidas sobre a planta. Os ovos são postos isoladamente nos brotos ou nas folhas jovens de plantas cítricas como limão, laranja e tangerina. As lagartas alimentam-se das folhas dessas plantas e, quando ameaçadas, repelem o agressor pela secreção de uma substância odorífera através do osmetério. As pupas lembram galhos da planta, dificultando assim sua visualização pelos predadores. O adulto é de coloração preta e amarela e possui duas manchas vermelhas no segundo par de asas.

Pterourus scamander

PUPA

LAGARTA

- **Nome:** *Pterourus scamander*
- **Família:** Papilionidae
- **Sub-família:** Papilioninae
- **Planta hospedeira:** *Persea gratissima*
- **Biologia**

Possui envergadura de aproximadamente 12 cm. Seu voo é rápido e regular, a uma altura média de 4 m, e seu comportamento é definido como arisco. Em condições de cativeiro, os adultos sobrevivem pouco, pois se debatem muito. Os ovos são colocados de forma espalhada e de preferência nas folhas jovens do abacateiro. A lagarta é verde e preta, chegando a imitar uma cobra quando perturbada. Até o momento, não foi possível conseguir cópula e postura em cativeiro. Todo o material conseguido originou-se de coleta em campo.

FAMÍLIA

LYCAENIDAE

Pseudolycaenas marsyas

PUPA

LAGARTA

- **Nome:** *Pseudolycaenas marsyas*
- **Família:** Lycaenidae
- **Sub-família:** Theclinae
- **Planta hospedeira:** *Erythrina* spp.
- **Biologia**

Estima-se que existam 6.500 espécies de Lycaenidae em todo o mundo (Heppner, 1991; Bridges, 1994). Cerca de 40% ocorrem na região neotropical, como a espécie *Pseudolycaenas marsyas* (Lycaenidae, Theclinae). A postura é feita em brotos ou nas folhas jovens da planta hospedeira, *Erythrina* spp., também conhecida como suinã ou mochoco. As lagartas são de cor verde, confundindo-se com a planta hospedeira. São fáceis de criar e se desenvolvem bem em laboratório. A pupa se fixa em folhas mais velhas e apresenta cor palha, o que lhe permite passar despercebida. Adultos emergem e voam em busca de alimento em frutos fermentados ou flores nas bordas de mata ou de sub-bosques, onde são vistos com maior frequência. O dorso da asa é de cor azul metálica; na parte ventral, ela é esbranquiçada, com pontos ou linhas negros. Possuem, como característica de Lycaenidae, de um a três filamentos finos e recurvados na extremidade do segundo par de asas, que servem para confundir e escapar dos predadores, simulando antenas em movimento.

FAMÍLIA

NYMPHALIDAE

Danaus plexippus

PUPA

LAGARTA

- **Nome:** *Danaus plexippus*
- **Família:** Nymphalidae
- **Sub-família:** Danainae
- **Planta hospedeira:** *Asclepias curassavica*
- **Biologia**

Alcança até 9,5 cm de envergadura. Seu voo geralmente é baixo e lento, em lugares abertos. Tem hábitos migratórios. Os ovos são postos nos botões das flores ou sob as folhas da planta tóxica oficial-de-sala (*Asclepias curassavica*). Ao eclodirem, as lagartas possuem listas amarelas e pretas e se alimentam das folhas da planta tóxica, tornando-se impalatáveis, mesmo na forma adulta, a predadores como pássaros; porém, continuam suscetíveis ao ataque de certas espécies de vespas e principalmente de moscas parasíticas. A criação requer cuidados com doenças, pois as lagartas são muito suscetíveis a viroses. Deve-se tomar cuidado também com a coleta de lagartas grandes no campo, provavelmente parasitadas por moscas parasíticas da família Tachinidae. Uma bela borboleta que não pode faltar em um borboletário.

Danaus gilippus gilippus

PUPA

LAGARTA

- **Nome:** *Danaus gilippus gilippus*
- **Família:** Nymphalidae
- **Sub-família:** Danainae
- **Planta hospedeira:** *Asclepias curassavica*
- **Biologia**

Pode ser encontrada voando em sub-bosques, matas secundárias, caminhos e pastagens. Os ovos, de cor verde-clara, são postos isoladamente em ponteiros da planta hospedeira. A lagarta, com tonalidades marrons e amarelas, pode medir até 7 cm; a cabeça é de cor negra, com pequenos anéis claros. A pupa, em forma de barril, é verde-clara, com pontos dourados esparsos na área central. Os adultos visitam as flores de *Lantana camara* e *Asclepias curassavica*. As plantas hospedeiras da lagarta são *Asclepias curassavica* e *Sarcostemma* sp. (*Asclepiadaceae*).

Hypothyris euclea

PUPA

LAGARTA

- **NOME:** *Hypothyris euclea*
- **FAMÍLIA:** Nymphalidae
- **SUB-FAMÍLIA:** Ithomiinae
- **PLANTA HOSPEDEIRA:** *Acnistus arborescens*
- **BIOLOGIA**

Adultos costumam voar no sub-bosque e nas bordas de matas, acasalando e procurando a planta hospedeira *Acnistus arborescens* (fumo bravo), onde depositam massas de ovos. As lagartas têm listras negras no corpo branco e são muito vorazes, passando bem rápido pela fase larval. Costumam empupar em ramos secos da planta hospedeira.

Mechanitis polymnia

PUPA

LAGARTA

NYMPHALIDAE

- **Nome:** *Mechanitis polymnia*
- **Família:** Nymphalidae
- **Sub-família:** Ithomiinae
- **Planta hospedeira:** *Solanum paniculatum*
- **Biologia**

É uma espécie muito comum no país. Tem em média 6,5 cm de envergadura. De voo lento, varia a altura ou se mantém próxima do solo. A fêmea coloca os ovos sobre a face superior da folha, formando uma placa. A lagarta é esbranquiçada, com saliências laterais amareladas. A pupa é prateada, lembrando um espelho. É uma espécie excelente para ser adotada na criação intensiva. Seu manuseio é muito fácil, e problemas com doenças, predadores e parasitoides são praticamente inexistentes.

Placidina euryanassa

PUPA

LAGARTA

- **Nome:** *Placidina euryanassa*
- **Família:** Nymphalidae
- **Sub-família:** Ithomiinae
- **Planta hospedeira:** *Brugmansia suaveolens*
- **Biologia**

Adulto de voo lento e baixo, é visto em bordas de matas em determinados períodos do ano. Procura por trombeteiras, *Brugmansia suaveolens*, onde as fêmeas colocam um aglomerado de ovos. As lagartas pretas, de cabeça vermelha, costumam ficar agrupadas para se alimentar à noite, quando saem dos abrigos do solo próximo da planta hospedeira. Ao clarear o dia, voltam aos abrigos, onde aguardam a noite chegar. São detectadas pelas folhas cortadas, restos de pele trocada e fezes. Para empupar, abandonam a planta e procuram um lugar escondido sob a vegetação morta onde poderão se fixar.

Thyridia psidii

PUPA

LAGARTA

- **Nome:** *Thyridia psidii*
- **Família:** Nymphalidae
- **Sub-família:** Ithomiinae
- **Planta hospedeira:** *Cyphomandra betaceae*
- **Biologia**

Os adultos se assemelham aos das lagartas-do-manacá. De voo leve e constante, visitam solanáceas e colocam seus ovos isoladamente em brotações ou folhas jovens de tomate arbóreo. Suas lagartas são brancas, lembrando as de *Mechanitis lysimnia*, mas são bem maiores, chegando a medir 6 cm. Sua pupa, assim como a de *Mechanitis*, é espelhada e grande.

Methona themisto

PUPA

LAGARTA

- **Nome:** *Methona themisto*
- **Família:** Nymphalidae
- **Sub-família:** Ithomiinae
- **Planta hospedeira:** *Brunfelsia hopeana*
- **Biologia**

Vulgarmente conhecida como lagarta-do-manacá. Adultos de voo leve e constante visitam a planta hospedeira, o manacá-de-jardim, onde as fêmeas colocam seus ovos isoladamente em brotações ou folhas jovens. As lagartas são pretas, com manchas amarelas translúcidas, e após a última troca de pele abandonam a planta hospedeira, procurando um lugar para pupar. Trata-se de um inseto bastante comum.

Caligo illioneus

VENTRAL

DORSAL

PUPA

LAGARTA

- **NOME:** *Caligo illioneus*
- **FAMÍLIA:** Nymphalidae
- **SUB-FAMÍLIA:** Brassolinae
- **PLANTA HOSPEDEIRA:** *Musa* spp.
- **BIOLOGIA**

A borboleta-coruja é uma das maiores espécies que ocorrem no Brasil, podendo medir até 18 cm de envergadura. Vive à beira de matas ou entre bananeiras. Voa lentamente, mas é ágil quando se tenta capturá-la. Tem, na parte ventral das asas posteriores, duas manchas ocelares, uma em cada asa, que lembram olhos de coruja, com pupila negra e íris clara. Essa adaptação serve para enganar seus predadores. A média de vida do indivíduo adulto no borboletário é de aproximadamente 45 dias. A lagarta alimenta-se de folhas de bananeira e outras plantas da família Musácea. Sua pupa é de coloração marrom clara e possui duas pequenas manchas douradas na superfície.

Archaeoprepona demophon

PUPA

LAGARTA

- **Nome:** *Archaeoprepona demophon*
- **Família:** Nymphalidae
- **Sub-família:** Charaxinae
- **Planta hospedeira:** *Annona squamosa*
- **Biologia**

Adultos de voo rápido, irregular e sempre alto, nas breves paradas se alimentam de frutos maduros ou fermentados que encontram nas matas ou em meios urbanos. A postura é feita em plantas da família das anonáceas, colocando um único ovo nos ponteiros tenros. Inseto nada comum; dificilmente se encontram várias lagartas em um mesmo hospedeiro. Sua lagarta pode medir até 8 cm e costuma se alimentar à noite, pois durante o dia procura se confundir com as folhagens secas. De forma um tanto assustadora, a lagarta é de coloração marrom clara no dorso e o marrom mais clara no tórax. Possui protuberâncias na cabeça em forma de chifres, que servem de defesa quando perturbadas. Seu ciclo é longo e, quando se transformam em pupa, esta também se confunde com o meio, pois é de coloração verde. O adulto é de coloração escura, quase negra, com listras azul-celeste; a parte ventral é clara, com desenhos que facilitam sua identificação. Borboletas desse gênero são de difícil criação em cativeiro, pois na fase adulta são ariscas; dificilmente se adaptam a um borboletário telado.

Callicore sorana

VENTRAL

DORSAL

PUPA

LAGARTA

NYMPHALIDAE

- **Nome:** *Callicore sorana*
- **Família:** Nymphalidae
- **Sub-família:** Biblidinae
- **Planta hospedeira:** *Cardiospermum* sp.
- **Biologia**

As lagartas dessa espécie usam cipós das famílias Euphorbiaceae e Sapindaceae para se alimentar. Esse inseto tem na face ventral desenhos que lembram o número 80. Sua planta hospedeira ocorre em bordas e interiores de matas, onde os adultos fazem postura nas gavinhas ou em brotações. As lagartas possuem espinhos para confundir os predadores e, quando se transformam em pupas, estas se confundem com as folhas.

Diaethria clymena

VENTRAL

DORSAL

PUPA

LAGARTA

- **Nome:** *Diaethria clymena*
- **Família:** Nymphalidae
- **Sub-família:** Biblidinae
- **Planta hospedeira:** *Trema micrantha*
- **Biologia**

A *Diaethria clymena* é conhecida como a borboleta 88 (note a semelhança com o número na face ventral das asas posteriores). É comum em vários ambientes, inclusive antrópicos. É considerada portadora de sorte para quem a vê. O adulto é frugívoro e suas lagartas se alimentam de crindiúva (ou candiúva) *Trema micrantha*. No Brasil, é comum encontrar a borboleta 88 no Cerrado, na Mata Atlântica e nos mais diversos ambientes. No entanto, a frequência desse grupo, assim como de outras espécies de lepidópteros, vem diminuindo devido à destruição de seu *habitat* e à caça. Apresenta, em média, 6 cm de envergadura. Voa em locais abertos e iluminados, muitas vezes em busca de frutos caídos, para se alimentar. A fêmea põe ovos isolados na planta-alimento e as lagartas, ao completarem as mudas, fixam-se nas folhas ou nos ramos e se transformam em pupas.

Dynamine agacles

PUPA

LAGARTA

NYMPHALIDAE

- **Nome:** *Dynamine agacles*
- **Família:** Nymphalidae
- **Sub-família:** Biblidinae
- **Planta hospedeira:** *Dalechampia scandens*
- **Biologia**

É uma espécie de difícil criação em laboratório, mas desenvolve-se bem no campo, quando a planta hospedeira é mantida sob gaiolas. As lagartas alojam-se nos botões florais confundindo-se com as flores em que se alimentam. Praticamente não existem muitos problemas com parasitoides e doenças no campo. O corpo da lagarta é provido de "espinhos", tornando sua aparência assustadora, quando na verdade ela é inofensiva, como em todas as lagartas de borboletas; entretanto, em mariposas, os "espinhos" podem indicar que a lagarta é urticante.

Dynamine postverta

FÊMEA

MACHO

PUPA

LAGARTA

- **NOME:** *Dynamine postverta*
- **FAMÍLIA:** Nymphalidae
- **SUB-FAMÍLIA:** Biblidinae
- **PLANTA HOSPEDEIRA:** *Dalechampia scandens*
- **BIOLOGIA**

É uma espécie de difícil criação em laboratório, mas desenvolve-se bem no campo, quando a planta hospedeira é mantida sob gaiolas. As lagartas alojam-se nos botões florais, confundindo-se com as flores em que se alimentam. Praticamente não existem muitos problemas com parasitoides e doenças no campo. O corpo da lagarta é provido de "espinhos", tornando sua aparência assustadora, mas na verdade ela é inofensiva. Os adultos apresentam dicromatismo sexual.

Catonephele numilia penthia

FÊMEA

MACHO

PUPA

LAGARTA

NYMPHALIDAE

- **NOME:** *Catonephele numilia penthia*
- **FAMÍLIA:** Nymphallidae
- **SUB-FAMÍLIA:** Biblidinae
- **PLANTA HOSPEDEIRA:** *Alchornea cordata*
- **BIOLOGIA**

Essa espécie apresenta dimorfismo e dicromatismo sexual bem caracterizados pelas diferentes cores dos adultos. O macho mostra seis destacadas manchas arredondadas, de cor alaranjada, diferenciadas das fêmeas. Ocorre em grande número no verão, procurando plantas de *Alchornea* que crescem em bordas de matas; raramente faz postura em plantas que estejam em descampados. Sua lagarta lembra muito as urticantes, pois possui cerdas distintas, tornando seu aspecto assustador.

Como muitas lagartas, alimenta-se das pontas das folhas e descansa nas nervuras, onde passa despercebida. Costuma empupar na folha da própria planta-alimento, confundindo-se com ela, pois assume uma tonalidade verde-escura.

Hamadryas amphinome

PUPA

LAGARTA

- **Nome:** *Hamadryas amphinome*
- **Família:** Nymphalidae
- **Sub-família:** Biblidinae
- **Planta hospedeira:** *Delachampia scandens*
- **Biologia**

A estaladeira é assim chamada por produzir estalidos secos, característicos durante o seu voo. É interessante observar seu modo de pousar: de cabeça para baixo e asas estendidas sobre o tronco da árvore. Quando pousada, é quase imperceptível, devido ao mimetismo das asas, que imitam o colorido de troncos e liquens. São de porte médio, com aproximadamente 7,5 cm de envergadura. Suas pupas assemelham-se a uma folha seca, meio retorcida e com dois prolongamentos no ápice.

Hamadryas februa

PUPA

LAGARTA

NYMPHALIDAE

- **Nome:** *Hamadryas februa*
- **Família:** Nymphalidae
- **Sub-família:** Biblinidae
- **Planta hospedeira:** *Delachampia scandens*
- **Biologia**

Sua biologia se assemelha a de *Hamadryas amphinome*, sendo de fácil criação e desenvolve-se bem em laboratório. Praticamente não existem muitos problemas com parasitoides e doenças em lagartas coletadas no campo. O corpo da lagarta é provido de "espinhos", tornando sua aparência assustadora, mas na verdade ela é inofensiva.

Hamadryas feronia

PUPA

LAGARTA

- **Nome:** *Hamadryas feronia*
- **Família:** Nymphalidae
- **Sub-família:** Biblidinae
- **Planta hospedeira:** *Delachampia scandens*
- **Biologia**

Hamadryas feronia assim como *Hamadryas amphinome* e *Hamadryas februa*, também é de fácil criação e desenvolve-se bem em laboratório. O maior problema é com um himenóptero parasitoide de pupa, quando se coleta material de campo. Mesmo dotadas de grande quantidade de "espinhos", as lagartas maduras que forem coletadas poderão estar parasitadas. Observa-se uma particularidade nos imaturos, sendo os de *Hamadryas amphinome* gregários e os de *Hamadryas februa* e *Hamadryas feronia*, solitários.

Temenis laothoe

PUPA

LAGARTA

NYMPHALIDAE

- **Nome:** *Temenis laothoe*
- **Família:** Nymphalidae
- **Sub-família:** Biblidinae
- **Planta hospedeira:** *Cardiospermum* sp.
- **Biologia**

Assim como a espécie *Callicore sorana*, lagartas desta espécie, usam cipós das famílias Euphorbiaceae e Sapindaceae para se alimentarem. Sua planta hospedeira, ocorre em bordas e interiores de matas, onde os adultos fazem postura nas gavinhas ou em brotações. As lagartas possuem espinhos e quando se transformam em pupas se confundem com as folhas.

Siproeta stelenes

PUPA

LAGARTA

- **Nome:** *Siproeta stelenes*
- **Família:** Nymphalidae
- **Sub-família:** Nymphalinae
- **Planta hospedeira:** *Ruelia* sp.
- **Biologia**

Um dos mais espetaculares espécimens de Nymphalidae, voa em seu esplendor em áreas abertas e ensolaradas nas matas, onde se alimenta de frutos fermentados e néctar e busca parceiros para o acasalamento. A postura é feita em brotações de plantas do gênero *Ruelia* e outras acantáceas. As lagartas são pretas e com muitos espinhos. No decorrer do tempo, pode-se determinar a espécie pelos espinhos, que são pretos e com a base alaranjada em *Siproeta stelenes*, e pretos nas laterais e amarelos nas costas em *Siproeta trayja*. Essas espécies têm o hábito de se alimentar preferivelmente à noite, sendo difícil encontrá-las durante o dia na planta hospedeira.

Siproeta trayja

PUPA

LAGARTA

NYMPHALIDAE

- **Nome:** *Siproeta trayja*
- **Família:** Nymphalidae
- **Sub-família:** Nymphalinae
- **Planta hospedeira:** *Ruelia* sp.
- **Biologia**

Assim como *Siproeta stelenes*, *Siproeta trayja* põe seus ovos em brotações de plantas do gênero *Ruelia* e outras acantáceas. As lagartas são pretas, com espinhos pretos nas laterais e amarelos nas costas. Alimentamse à noite, sendo difícil encontrá-las durante o dia na planta hospedeira. A pupa de ambas as espécies apresenta coloração esverdeada, diferenciando-se apenas nquando emerge o adulto, que é escuro, quase preto, com detalhes brancos, em *Siproeta trayja.*

Smyrna blomfildia

VENTRAL

DORSAL

PUPA

LAGARTA

- **NOME:** *Smyrna blomfildia*
- **FAMÍLIA:** Nymphalidae
- **SUB-FAMÍLIA:** Nymphalinae
- **PLANTA HOSPEDEIRA:** *Urera baccifera*
- **BIOLOGIA**

As lagartas dessa espécie de borboleta se alimentam de urtigão, *Urera baccifera* (Urticaceae), e ocorrem com mais frequência no período do verão. As fêmeas colocam seus ovos espalhados em folhas novas ou na brotação. As lagartas, escuras nos primeiros dias, escondem-se em um fio da nervura da planta. Sua cor muda para verde e depois para marrom quando estão próximas de pupar. O adulto emerge em cerca de oito dias. As lagartas são facilmente confundidas como urticantes, pois têm o corpo coberto por espinhos em forma de pinheirinhos; como algumas espécies de Saturniidae, no entanto, são inofensivas.

Colobura dirce

PUPA

LAGARTA

NYMPHALIDAE

- **Nome:** *Colobura dirce*
- **Família:** Nymphalidae
- **Sub-família:** Nymphalinae
- **Planta hospedeira:** *Cecropia* sp.
- **Biologia**

Colobura dirce tem o nome vulgar de "borboleta zebra", por causa do desenho na face ventral de ambas as asas. A sua planta-alimento é a embaúba. Os adultos se alimentam de frutos maduros e raramente abandonam as áreas sombreadas das bordas das matas. A fêmea faz a postura na face ventral de folhas jovens. Após alguns dias eclodem as lagartas que, juntas, cortam as nervuras da folha da planta-alimento, possivelmente para diminuir o fluxo de seiva ou simplesmente formar um abrigo para as lagartas. Devoram a folha sempre de baixo para cima e, quando escolhem outra folha, também cortam as nervuras. Crescem juntas e separam-se apenas para transformar-se em pupas, momento em que abandonam a planta hospedeira à noite, o que dificulta sua localização.

Agraulis vanillae

PUPA

LAGARTA

- **Nome:** *Agraulis vanillae*
- **Família:** Nymphalidae
- **Sub-família:** Heliconiinae
- **Planta hospedeira:** *Passiflora suberosa*
- **Biologia**

Alcança aproximadamente 7 cm de envergadura. Trata-se de uma espécie comum e que visita plantas floridas e jardins. Seu voo é rápido, baixo e irregular. Põe seus ovos isoladamente em folhas jovens. É considerada praga do maracujá cultivado. Sua lagarta apresenta coloração marrom e possui "espinhos" pretos espalhados pelo corpo.

Dione juno

PUPA

LAGARTA

- **Nome:** *Dione juno*
- **Família:** Nymphalidae
- **Sub-família:** Heliconiinae
- **Planta hospedeira:** *Passiflora* spp.
- **Biologia**

É uma borboleta tropical, com cerca de 6 cm de envergadura. Seu voo é rápido e difícil de acompanhar. Ao anoitecer, reúne-se em pequenos grupos, que pousam numa mesma planta. Os ovos são colocados nos brotos ou nas bifurcações das folhas de diversas espécies de maracujazeiros. A lagarta é marrom, espinhosa, alcança até 4 cm e se alimenta das folhas do maracujazeiro (*Passiflora* sp.). Pode ocorrer canibalismo entre as lagartas na falta de alimento. A criação em laboratório não é muito fácil, porque ocorrem muitas doenças, às vezes provocando perdas totais da criação. Isso pode ser evitado deixando-se as lagartas o maior tempo possível na planta hospedeira no campo, protegendo-as contra a ação de predadores e parasitoides com mantas de filó.

Dryas iulia

PUPA

LAGARTA

- **Nome:** *Dryas iulia*
- **Família:** Nymphalidae
- **Sub-família:** Heliconiinae
- **Planta hospedeira:** *Passiflora mucronata*
- **Biologia**

Alcança aproximadamente 8 cm de envergadura. Essa espécie é muito comum e visita plantas floridas e jardins. Seu voo é rápido, irregular e baixo. Põe seus ovos isoladamente em gavinhas secas. É considerada uma das pragas do cultivo do maracujá. Sua lagarta apresenta coloração marrom e possui "espinhos" longos espalhados pelo corpo.

Eueides isabella dianasa

PUPA

LAGARTA

NYMPHALIDAE

- **Nome:** *Eueides isabella dianasa*
- **Família:** Nymphalidae
- **Sub-família:** Heliconiinae
- **Planta hospedeira:** *Passiflora edulis*
- **Biologia**

Lagartas de *Eueides isabella* ocorrem em *Passiflora edulis* e outras espécies silvestres. É espécie bem comum em plantios de passifloras. Sua lagarta apresenta cores vistosas e espinhos pretos. Em condições de campo, é comum serem predadas no estágio larval e parasitadas no estágio pupal. Entretanto, a criação é bem sucedida em laboratório.

Heliconius ethilla narcaea

PUPA

LAGARTA

- **Nome:** *Heliconius ethilla narcaea*
- **Família:** Nymphalidae
- **Sub-família:** Heliconiinae
- **Planta hospedeira:** *Passiflora* sp.
- **Biologia**

Espécie bastante comum, podendo medir até 7 cm de envergadura. É encontrada em bordas de matas, em áreas cultivadas e urbanas. Seu voo é lento, variando sempre de altura. É atraída por flores como margaridas, cambará-de-jardim e outras. A fêmea faz a postura de modo mais ou menos isolado. Os ovos ficam presos aos brotos ou gavinhas de diversas espécies de maracujazeiros silvestres e comerciais. A lagarta é branca, com pintas pretas e laranja e com espinhos.

Heliconius erato phyllis

PUPA

LAGARTA

- **Nome:** *Heliconius erato phyllis*
- **Família:** Nymphalidae
- **Sub-família:** Heliconiinae
- **Planta hospedeira:** *Passiflora* sp.
- **Biologia**

É uma borboleta tropical que apresenta cerca de 7 cm de envergadura. Seu voo é lento, ocorrendo a aproximadamente 2 m do solo. Voa durante o dia e à noite reúne-se em pequenos grupos (dormitórios) que podem ser observados ao cair da tarde dentro do borboletário, pousados num mesmo galho. O adulto possui uma faixa vermelha na asa anterior e uma listra amarela na posterior; a coloração do restante da asa varia do preto ao castanho. Os ovos são colocados nos brotos ou nas gavinhas de diversas espécies de maracujazeiros. A lagarta tem espinhos, mede aproximadamente 4 cm e se alimenta das folhas de maracujazeiro. Pode ocorrer canibalismo entre as lagartas, na falta de alimento.

BORBOLETÁRIO

Definição. Espaço de confinamento, semelhante a uma casa de vegetação, cuja finalidade é a criação de borboletas, em cativeiro, para o estudo da sua biologia, da manutenção de populações e também do desenvolvimento de criação para obter maior número possível de adultos livres da ação de predadores e parasitos.

Esse espaço, que reúne as melhores condições para a criação de borboletas, deve ser coberto com telas plásticas, mas de modo a não impedir completamente a entrada de luz no seu interior, para simulação de um ambiente natural onde se cultivam plantas hospedeiras de lagartas e outras que produzam néctar para as borboletas.

Para que essa criação se torne autossustentável, é necessário que uma equipe acompanhe o ciclo de cada espécie, desde a postura, recolhida na planta hospedeira e levada para o berçário, até a emergência do adulto. Este será solto no borboletário para o reinício do ciclo.

É importante salientar que a equipe deve manter as boas condições do borboletário. Para isso, deve fazer a manutenção das plantas e controlar a ocorrência de inimigos naturais. Em outro espaço telado, mantêm-se vasos com plantas-alimento que são colocados no borboletário para os adultos colocarem seus ovos.

Ao se manter uma ou mais populações de borboletas em cativeiro, indivíduos livres passam a frequentar áreas próximas ao borboletário, que deve ser circundado por grande número de plantas hospedeiras e atrativas. Deste modo, espécies de borboletas de ocorrência rara podem ser observadas e coletadas para iniciar uma criação. Conseguem-se resgatar espécies consideradas raras na região e dar maior atenção a elas e a suas plantas-alimento ou até a alimentos alternativos, ou seja, plantas do mesmo gênero ou família que tenham boa aceitação pelas lagartas e não interfiram no seu ciclo.

A família Papilionidae é, até agora, a mais estudada. As espécies dos gêneros *Heraclides, Pterourus, Battus* e *Parides* poderão ser usadas para repovoamento. Para isto, nas matas devem ser mantidos grupos de plantas hospedeiras, pois a invasão cada vez maior do homem destrói em primeiro lugar o *habitat* dessas plantas.

Uma coleção de plantas do gênero *Aristolochia* possibilita a propagação não só delas, como também das espécies a ela associados, que são borboletas dos gêneros *Battus* e principalmente *Parides*. Isso também pode ser feito com plantas hospedeiras do gênero *Esenbeckia* e outras da família Rutaceae em relação a borboletas dos gêneros *Heraclides* e *Pterourus*.

As espécies são atraídas para as áreas ajardinadas nas bordas das matas, onde se alimentam e podem ovipositar se existem, entre as floríferas, plantas hospedeiras das lagartas. Com a disponibilidade de alimento e de plantas para a postura, em pouco tempo veem-se voando na área espécies antes consideradas raras ou de baixa frequência.

Espécies de fácil criação

Consideram-se espécies de fácil criação aquelas que, em criações artificiais, caracterizam-se pela rusticidade na fase imatura e alta longevidade na fase adulta em condições de cativeiro. Na criação dos imaturos, pode-se ter facilidade para conseguir que cheguem até a fase adulta, mas também podem se mostrar "ariscos" quando soltos na área do borboletário, tendo poucos dias de vida. O contrário também pode ocorrer: alguns adultos mostram-se dóceis no ambiente do borboletário, voam, copulam e fazem postura, mas não se obtém sucesso na criação das lagartas.

Procura-se estudar a biologia do maior número possível de espécies e listar aquelas de fácil criação em cativeiro. Isto possibilita que várias espécies desfrutem de uma mesma área, devidamente ambientada, que ofereça condições o mais próximo possível das naturais.

Mesmo em borboletário protegido por telas plásticas observa-se a ocorrência de inimigos naturais que predam ou parasitam todas as fases dos indivíduos. Podem ser vespas que parasitam ovos e pupas, percevejos que sugam lagartas e pupas, e até lagartos, aranhas ou aves que conseguem entrar no borboletário.

A estrutura

Escolhe-se a área onde será construído o borboletário de acordo com disposição norte-sul do terreno. A leste deve-se ter mata nativa ou plantada. A estrutura deve ser coberta com tela plástica do tipo sombrite sobre filme plástico; suas laterais também devem ser de sombrite.

O borboletário deve conter duas antecâmaras, uma de entrada e outra de saída. As duas devem ser cobertas de sombrite, para dificultar a entrada de inimigos naturais.

No interior do borboletário colocam-se plantas com alto teor de néctar, para alimentar os adultos, e vasos de "plantas-armadilha" que nada mais são do que plantas hospedeiras nas quais as borboletas farão a postura. As plantas-armadilha permanecem protegidas em outra estufa, à disposição das espécies de borboletas a serem criadas. Depois que esses vasos são colocados no interior do borboletário, as borboletas começam a fazer posturas que são recolhidas das plantas-armadilha e levadas ao berçário, onde são criadas até atingirem a fase adulta.

Criação autossustentável

Para que a criação se torne autossustentável, uma equipe deve acompanhar todo o ciclo de cada espécie, desde a coleta da postura até a liberação dos adultos.

Na criação artificial consegue-se, na maioria das vezes, grande número de adultos, já que os indivíduos são acompanhados e monitorados durante todo o ciclo, e impede-se a ação de inimigos que os atacariam se estivessem livres. Com isso, podem ser mantidas grandes populações.

No final do ciclo, após a sexagem, separam-se os casais para dar continuidade à criação em cativeiro, e eles são liberados no borboletário. As fêmeas restantes são soltas para povoar a região. Os machos excedentes são usados como subprodutos da criação na forma mais conveniente.

A equipe

A equipe, devidamente treinada, é responsável pela condução do borboletário. Deve fazer a manutenção das plantas das áreas interna e externa do borboletário, a alimentação de espécies que sugam frutos fermentados, a coleta de ovos, a remoção de adultos mortos e, principalmente, o monitoramento de inimigos naturais.

O trabalho da equipe é desenvolvido de acordo com o fluxograma da criação, e isto funciona para todas as espécies escolhidas para criação, de acordo com a época de ocorrência.

As coletas de campo são feitas apenas para se iniciar uma criação ou para melhorar geneticamente as populações em cativeiro, introduzindo-se material selvagem.

As estufas onde são mantidas as plantas-armadilha devem receber a devida atenção, já que nelas ficam protegidas as espécies saudáveis de plantas oferecidas aos adultos para efetuarem a postura. É importante salientar que é necessário providenciar as plantas-armadilha antes da ocorrência das espécies de borboletas, para que estas disponham de local para ovipositar. Para isso, é necessário estudar a época de ocorrência das espécies a serem criadas, fazendo-se o monitoramento das espécies da região. Nem todas as espécies são encontradas o ano todo, mas em condições artificiais pode-se determinar, para algumas espécies da região, o ciclo durante o ano todo.

Ocorrência natural

Após a implantação do borboletário e do jardim das borboletas, muitas outras borboletas de várias espécies passam a visitar o local. Isso é natural, pois os adultos voando no interior do borboletário liberam grande quantidade de feromônio. Além disso, a presença de enorme variedade de flores, algumas específicas para determinadas espécies, torna o local ideal para as borboletas.

No início, indivíduos de ocorrência rara tornam-se mais frequentes, já que nessas áreas são introduzidas plantas adequadas à alimentação de suas lagartas. Com o aumento da população de lepidópteros, aumenta também a dos seus inimigos naturais, que devem ser controlados para não interferir na criação, mas podem ser úteis no controle de outros insetos, como os pulgões.

Espécies raras

Para resgatar espécies consideradas raras na região, provavelmente por causa do desmatamento da sua área de reprodução, é preciso dar mais atenção às plantas-alimento dessas espécies. Tais plantas devem ser cultivadas dentro e fora do borboletário, principalmente nas bordas das matas onde serão manejadas, para que possam atrair essas espécies de borboletas raras.

Além das plantas hospedeiras, procura-se usar também plantas alternativas, pois nem todas as borboletas se alimentam exclusivamente de uma só espécie de planta. Essas plantas alternativas nem sempre são do mesmo gênero ou da mesma família, mesmo assim servem de alimento para as lagartas, como as de alguns papilionídeos.

Papilionídeos raros

Levando-se em conta a falta de plantas-alimento, e como é baixa a sua ocorrência em áreas agrícolas ou urbanas, as borboletas aparecem em maior número em locais de vasta vegetação nativa ou clareiras dentro das matas. Dentre elas, podem ser citadas as da família Papilionidae, que inclui os gêneros *Battus*, *Heraclides*, *Parides* e *Pterourus*. Elas passam a ocorrer em grande número quando encontram no entorno do borboletário a planta em que fazem a oviposição.

Coleção de plantas

Papilionídeos dos gêneros *Battus* e *Parides*, em sua maioria, fazem postura em plantas do gênero *Aristolochia*. No borboletário da Esalq/USP, existe uma coleção contendo as espécies *Aristolochia gigantea*, *Aristolochia fetida*, *Aristolochia macroura* e *Aristolochia elegans*.

Muitas outras espécies da família Nymphalidae, que têm como hospedeira *Passiflora* spp. encontram vasto material para sua postura. No borboletário da Esalq/USP há uma coleção que contém muitas espécies obtidas em pesquisas científicas, além de material encontrado em coletas de campo.

Sempre se descobrem lagartas sobre plantas e, ao criá-las, conseguem-se bons resultados. Então, é conveniente multiplicar essas coleções de plantas na área do borboletário para, em nova criação, dispor-se de alimento para as lagartas.

ORGANIZAÇÃO DO BORBOLETÁRIO

Os borboletários são ambientes de confinamento que permitem ao público visitante ter contato com alguns dos mais bonitos representantes dos insetos, as borboletas. O conhecimento adquirido sobre a criação de borboletas tem contribuído para reduzir o risco de extinção de espécies desse grupo. Isto não só pela aplicação de técnicas de manejo, mas também porque os visitantes se sensibilizam ao se aproximarem de tão belos animais e plantas.

É grande a importância dos borboletários para a identificação e avaliação das espécies potenciais, de seus aspectos biológicos, para a criação massal, a manutenção da população e o estudo de sua estrutura. Eles servem como base para estudos e pesquisas, porque pouco se sabe sobre borboletas nativas. Apresentam grande relevância para as pesquisas sobre espécies potenciais e a possibilidade

Borboletário da Fundação Zoobotânica de Belo Horizonte, MG.

de criação massal, para prever a produção de borboletas nas diferentes épocas do ano.

A inclusão do estudo e do manejo de borboletas nos projetos de educação, lazer, pesquisa e conservação dos zoológicos se justifica pela sua importância em termos numéricos (mais da metade de todas as espécies animais são insetos e, dentre eles, há mais de 150 mil espécies de borboletas descritas), pelo seu papel fundamental em processos bioecológicos diversos e por proporcionar a oportunidade de melhor refletir sobre a preservação ambiental e a relação existente entre a fauna (borboletas) e a flora (plantas) hospedeiras das lagartas e plantas-alimento dos adultos.

Atualmente, 57 espécies de lepidópteros estão ameaçadas de extinção no Brasil. Estas espécies estão distribuídas em 8 famílias; destas, 21 estão ameaçadas somente no Estado de São Paulo. As espécies mais ameaçadas pertencem às famílias Nymphalidae, Papilionidae e Hesperiidae (Ibama, 2003).

O uso de áreas para a agricultura hoje é de aproximadamente 1,5 bilhão de hectares, ocupando grande parte da superfície terrestre. A agricultura implica a simplificação da estrutura do ambiente em áreas extensas. A diversidade natural dá lugar a pequeno número de plantas cultivadas e de animais domesticados. As paisagens agrícolas em todo o mundo apresentam cerca de 12 espécies de culturas de grãos, 23 espécies de oleráceas e cerca de 35 espécies de fruteiras (Fowler & Mooney, 1990). Os ambientes são modificados e extinguem-se plantas específicas e fundamentais à sobrevivência de borboletas e lagartas.

Criação

Os métodos utilizados em laboratório para criação de insetos, são adaptados para criação de borboletas, a fim de melhorar o sistema de criação massal a ser implantado no borboletário.

A parte prática da criação pode ser resumida nos seguintes tópicos:

1) Observação do local de postura e da planta-hospedeira.
2) A postura é coletada, transferida para o laboratório de criação e colocada em câmara climatizada, com temperatura, umidade e luminosidade controladas.
3) As lagartas, ao eclodirem, são colocadas em recipientes plásticos (potes) ou em gaiolas.

4) As lagartas são alimentadas com a planta hospedeira, que é a mesma planta em que os adultos fazem a postura.

É desse modo que se inicia a criação, bem como a avaliação dos aspectos biológicos e dos dados sobre as espécies estudadas.

Os passos 1 e 2 podem ser descartados no caso de se encontrarem as lagartas já se alimentando nas folhas.

Para avaliar as espécies potenciais, são observadas características como: facilidade de criação, longevidade de adultos no borboletário e ocorrência de doenças e parasitoides. Com isso, é possível definir quais as principais espécies ideais e quais possuem potencial para serem criadas.

São feitas também observações sobre as borboletas quando elas aparecem voando próximo do jardim das plantas hospedeiras. Alguns aspectos podem ser descritos após essa visualização, como tipo de voo e altura.

Potes

Existem potes dos mais variados tamanhos e cores. Os mais utilizados para a criação são os transparentes e semitransparentes. A transparência garante entrada de luz às lagartas, o que ajuda no seu desenvolvimento. Os potes maiores para criação de lagartas possuem em média 20 cm de diâmetro e 10 cm de altura; os potes para criação individual têm 4,5 cm de diâmetro e 6,5 cm de altura e 6 cm de diâmetro e 8 cm de altura, estes últimos em formato cônico. Uma das fases mais importantes é o início da criação, essencial para se obter os adultos desejados.

O tamanho dos potes deve ser escolhido de acordo com as características e o tamanho das lagartas. Inicialmente, usam-se potes pequenos e posteriormente os maiores, à medida que as lagartas aumentam de tamanho. No caso da criação individual de lagartas, os potes menores também são trocados quando as lagartas aumentam de tamanho. Quando criadas individualmente, as lagartas crescem mais rápido e ficam maiores do que aquelas criadas todas juntas nos potes. Um aspecto importante é o número de lagartas por pote. Tudo depende do tamanho do pote e da espécie. Algumas lagartas possuem o hábito de comer suas semelhantes, o que é denominado canibalismo. Para evitá-lo, não devem ser colocadas muitas lagartas em um mesmo pote.

Outra solução é a criação individual das lagartas, o que é indicado para espécies canibais ou ainda quando se tem um número reduzido de indivíduos de uma espécie desejada. Não se pode esquecer que a falta de alimento também leva ao canibalismo. Os potes devem ter um furo coberto com tela, para que possam ocorrer trocas gasosas entre o interior do pote e o ambiente do laboratório. Com isso, evita-se o excesso de umidade no interior do pote e as doenças dela decorrentes. Geralmente, as lagartas pupam na parte superior (tampa) do pote ou na própria folha usada em sua alimentação.

Gaiolas

As gaiolas são usadas na fase em que as lagartas estão maiores, em grande número e já passaram pelos potes de criação, facilitando o manejo. Também podem ser utilizadas para lagartas que não requerem muitos cuidados desde os primeiros ínstares, caso de algumas espécies, como:

- *Heraclides thoas brasiliensis,*
- *Battus polydamas,*
- *Ascia monuste,*
- *Placidina euryanassa,*
- *Heraclides anchisiades,*
- *Hamadryas amphinome,*
- *Hamadryas feronia,*
- *Mechanitis* sp.,
- *Hypothiris* sp.

As gaiolas também podem variar de tamanho, de acordo com a espécie da borboleta. O tamanho mais utilizado é mostrado na Figura 1.

Utilizam-se gaiolas fixas dentro da estufa de criação (Figura 2).

Em alguns casos, utiliza-se uma caixa térmica de isopor como gaiola. Faz-se apenas um furo na porta, para manter a ventilação necessária às lagartas.

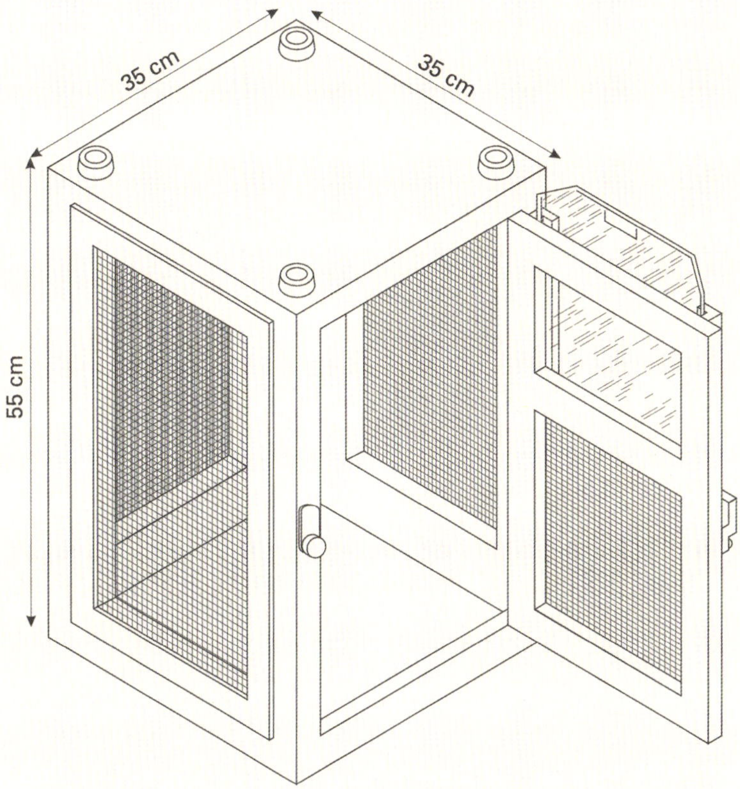

Figura 1. Gaiola ideal para criação de lagartas, com 35 cm de largura, 35 cm de profundidade e 55 cm de altura. A parte superior da porta é de vidro; as laterais possuem tela; o fundo e o teto são de madeira pintada de branco.

Figura 2. Gaiola fixa para criação (modelo Esalq).

Alimentação das lagartas e borboletas

As lagartas devem ser alimentadas de acordo com a sua planta hospedeira de preferência. Existem espécies que possuem mais de uma planta hospedeira. Neste caso, as lagartas são alimentadas com a planta em que ocorre a postura.

Para lagartas de 1° e 2° ínstares, é dada preferência às folhas mais novas. Isto porque as lagartas jovens apenas raspam as folhas. A partir do 2° e/ou 3° ínstares, elas podem ser alimentadas com folhas mais velhas.

Flores usadas para produção de néctar dentro do borboletário.

Detalhe de um alimentador de metal.

Borboleta-coruja se alimentando.

As folhas devem estar limpas, sem nenhuma sujeira visível, como barro e poeira provenientes de ventos e chuvas. As folhas sujas devem ser lavadas em água corrente e secas antes de serem fornecidas às lagartas.

São utilizados alimentadores de metal ou plástico para os adultos.

Pupário

As pupas não fixadas são enroladas pela parte inferior em algodão, podendo ser presas com alfinetes no isopor. As medidas do pupário utilizado são: 27 cm de largura, 27 cm de altura e 26 cm de profundidade. Este tamanho facilita o trabalho porque permite que o pupário seja carregado para qualquer lugar.

O pupário é borrifado diariamente com água, para se manter a umidade necessária para emergência dos adultos.

Doenças e parasitoides

Existem algumas espécies difíceis de criar em laboratório, seja por causa de doenças ou mesmo devido à presença de parasitoides que possam aparecer após a coleta das lagartas no campo.

Indivíduos portadores de doenças são descartados, para que não afetem outros indivíduos no laboratório.

O aspecto positivo dos parasitoides é que podem ser identificados e fornecem base de dados para estudos de controle biológico.

No caso de doenças, os potes e as gaiolas devem ser isolados o mais rápido possível e lavados com água e sabão, em local apropriado. Após a lavagem, os potes devem ser empilhados para secar. Antes de serem utilizados, devem ser limpos com álcool, para desinfestação.

Parasitoide saindo de uma pupa atacada.

Lagarta atacada por parasitoide.

Viveiro de mudas e plantas hospedeiras

Para o bom funcionamento do borboletário, deve existir um local apropriado para a produção de mudas e manutenção de vasos usados para a oviposição das borboletas. Com isso, não há risco de se impossibilitar a criação devido à falta de planta hospedeira. A produção de mudas é necessária durante o ano todo, para que se tenha reserva de plantas para manutenção do borboletário.

Algumas plantas cultivadas em vasos servem como isca ou chamariz, a fim de se obter a postura das espécies criadas. Essas plantas são usadas apenas para essa finalidade. Existem plantas matrizes para fornecer alimento às lagartas que irão eclodir. As plantas-alimento para adultos são selecionadas de acordo com a produção de néctar durante o ano e com a preferência na alimentação das espécies criadas no borboletário.

As plantas dentro da estufa merecem todo o cuidado, para não serem destruídas pelas lagartas. São feitas vistorias periódicas para retirar os ovos das plantas hospedeiras, o que diminui o ataque das lagartas e reduz a porcentagem de ovos parasitados.

A poda nas plantas deve ser feita regularmente. Dentro da estufa, elas encontram condições propícias para sua propagação e crescem com rapidez, principalmente na época das chuvas. A infestação de plantas daninhas é controlada manualmente dentro da estufa, sem uso de herbicidas, que podem afetar as plantas hospedeiras.

O jardim externo das plantas hospedeiras deve ser gramado. Além de esteticamente mais bonito, nesse tipo de jardim é menor a necessidade de controle de plantas daninhas.

As plantas hospedeiras devem ficar preferencialmente perto ou ao redor do borboletário. Isto facilita o manejo e atrai maior número de borboletas para o jardim, o que aumenta as chances de procriação das espécies desejadas.

Deve ser mantido um banco de sementes das plantas existentes no jardim, porque certas espécies, no inverno, principalmente o maracujazeiro, sofrem de doenças, provenientes do solo, que podem matá-las.

Formato com cantos retos e ao lado de matas.

Estufa

A estufa deve ser instalada em local apropriado e seguir todas as recomendações para um bom aproveitamento da energia solar, ou seja, sua largura deve estar no sentido leste-oeste. O acesso à estufa deve ser fácil, tanto para os visitantes como para os criadores, o que simplifica o seu manejo. A insolação é maior no período da manhã; a estufa é sombreada no período da tarde pela mata existente ao seu lado.

A estufa não deve apresentar cantos com ângulos, e sim formato arredondado, para evitar que as borboletas danifiquem as asas durante o voo.

Mais informações: www.esalq.usp.br/borboletas

NORMAS E LEIS DO IBAMA PARA MONTAR UM BORBOLETÁRIO

PORTARIA Nº 2.314, DE 26 DE NOVEMBRO DE 1990*

O PRESIDENTE DO INSTITUTO BRASILEIRO DO MEIO AMBIENTE E DOS RECURSOS NATURAIS RENOVÁVEIS – IBAMA, no uso das atribuições que lhe são conferidas pela Lei nº 7.735, de 22 de fevereiro de 1989, publicada no "Diário Oficial" da União de 23 de fevereiro de 1989, e tendo em vista o disposto no artigo 6º da Lei nº 6.197, de 3 de janeiro de 1987, resolve:

Art. 1º – Instituir os criadouros destinados à reprodução de insetos da Ordem Lepidoptera da fauna silvestre com finalidade econômica. Parágrafo único – O registro dos criadouros, objeto do presente artigo, será feito pela Diretoria do Controle e Fiscalização de acordo com a legislação pertinente, após a aprovação do projeto técnico pela Diretoria de Ecossistemas. Art. 2º – Para os efeitos desta Portaria, consideram-se criadouro as áreas especialmente delimitadas, dotadas de instalações capazes de possibilitar a vida e a procriação das espécies da fauna silvestre, onde possam receber assistência adequada.

Parágrafo único – Os criadouros deverão atender as orientações estabelecidas pelas Diretrizes para Plano de Manejo, em anexo.

Art. 3º – Os criadouros serão enquadrados nas categorias de criadouros manejados por produtores rurais e manejados por empresas, com o objetivo de manejar insetos da Ordem Lepidoptera na

* Importante observar a data da portaria

fase de metamorfose (lagarta), visando a produção de borboletas, conforme as Diretrizes para Plano de Manejo, em anexo.

§ 1º – São considerados criadouros manejados por produtores rurais aqueles administrados por pessoas físicas.

§ 2º – São considerados criadouros manejados por empresas aqueles administrados por pessoas jurídicas, devidamente constituídas.

Art. 4º – Os interessados em obter registro do criadouro com finalidade econômica no Ibama, na forma desta Portaria deverão apresentar:

a) qualificação da pessoa física ou jurídica;

b) localização do empreendimento com caracterização da(s) área(s), domínio, formas de acesso e descrição geral;

c) croqui esquemático do criadouro, acompanhado de delimitação dos limites de domínio, dimensões da área de atração/reprodução dos insetos da Ordem Lepdoptera;

d) croqui esquemático do berçário;

e) espécies da Ordem Lepidoptera (diurnas e noturnas) que pretende manejar na propriedade;

f) relacionar possíveis áreas (terras cultivadas) de coleta de lepidópteros na fase de lagarta, que estejam fora da área objeto do "item b" do presente artigo;

g) planejamento operacional (fluxograma) de manejo;

h) responsável técnico, devidamente habilitado com termo ou contrato de trabalho de acompanhamento e responsabilidade pelas informações e orientação técnica do empreendimento;

i) declaração de que estão cientes da legislação pertinente – Lei nº 5.197, de 3 de janeiro de 1967, Lei nº 7.653, de 12 de fevereiro de 1988, e a presente Portaria.

Art. 5º – O programa de repovoamento será efetuado de acordo com o resultado de nascimento no que se refere à proporção de machos versus fêmeas, concedendo ao criadouro a característica de autorrenovável.

Parágrafo único – O criadouro não poderá utilizar as fêmeas como produto comercializável. Art. 6º – Cumpridas as exigências desta Portaria e após laudo técnico de vistoria pelas Superintendências Estaduais do Ibama, o criadouro terá tratamento de acordo com o artigo 1º da presente Portaria.

Art. 7º – Os criadouros deverão manter um fichário atualizado de controle de estoque por espécie, para seu próprio controle e vistorias pelo Ibama.

Art. 8º – Os criadouros deverão apresentar relatórios anuais com os seguintes dados:

a) produção por espécie e sexo;

b) número de espécimes utilizadas no programa de repovoamento por espécie e sexo;

c) estoque atual por espécie; e

d) quantidade comercializada por espécie.

Art. 9º – As Superintendências Estaduais do Ibama manterão um fichário cadastral dos criadouros do qual constará, além de informações cadastrais, o controle de saídas de estoque através das notas fixas emitidas onde constarão as espécies de lepidópteros e/ou número código de acordo com o 4º Catálogo de insetos que vivem nas plantas do Brasil – Ministério da Agricultura, Departamento de Defesa e Inspeção Agropecuária, Serviço de Defesa Sanitária Vegetal, Laboratório Central de Patologia Vegetal – Rio de Janeiro.

Art. 10 – As Superintendências Estaduais do Ibama somente emitirão a licença para transporte de produtos oriundos dos criadouros de lepidópteros, mediante apresentação da nota fiscal da venda.

Art. 11 – A renovação de registro será automática a cada ano, de acordo com a legislação pertinente, realizada pela Diretoria de Controle e Fiscalização após parecer favorável da Superintendência Estadual e Diretoria de Ecossistemas.

Art. 12 – As pessoas físicas ou jurídicas que venham a negociar com produtos e subprodutos oriundos de criadouros de lepidópteros ficam obrigados a efetuar registro no Ibama.

Art. 13 – A comercialização dos produtos oriundos dos criadouros será regulamentada através de Portaria específica a ser publicada no Diário Oficial da União.

Art. 14 – O não cumprimento das determinações previstas nesta portaria e na legislação em vigor, implicará em advertência e ser for o caso no cancelamento do registro, sem prejuízo de outras sanções legais cabíveis.

Art. 15 – Os casos omissos serão resolvidos pela Presidência do Ibama, ouvidas as Diretorias e as Superintendências Estaduais.

Art. 16 – Esta Portaria entra em vigor na data de sua publicação, ficando revogadas as Portarias que concederam registros a criadouros e comerciantes de insetos da Ordem Lepidoptera.

Tânia Maria Tonelli Munhoz
Presidente

Publicado no DOU n.º 230, de 03/12/90, Seção I, p. 23.116-7

DIRETRIZES DO PLANO DE MANEJO SUSTENTADO PARA A CRIAÇÃO DE INSETOS DA ORDEM LEPIDOPTERA

Um plano de manejo sustentado para a criação de lepidópteros deve demonstrar claramente que a melhor maneira de criá-los é deixar por conta da natureza. A interferência somente é admissível nas últimas fases da metamorfose, quando é necessário o controle numérico e a sexagem. Nessa modalidade de criação, a natureza não sofre prejuízos e as espécies criadas não sofrem ameaça de extinção.

A ameaça de extinção de determinadas espécies de lepidópteros tem aspectos que devem ser destacados, tais como: falta de planta-alimento para algumas espécies em certas regiões, que pode ser provocada por fatores climáticos, devastação da cobertura vegetal, mutação de determinadas espécies ou ainda doenças genéticas. Outro aspecto a ser considerado é que lepidópteros cujo *habitat* é o meio agrícola são potencialmente prejudiciais às culturas para produção de alimentos e que são controlados com agrotóxicos.

Dessa forma, o plano de manejo para a criação de lepidópteros deve estar baseado em áreas de atração ao ar livre somente para áreas cultivadas, pois entende-se que as florestas, matas etc., são *habitats* naturais das borboletas, onde elas devem ser preservadas.

Esse plano deve ter a seguinte metodologia:

- A área escolhida, delimitada e aprovada deve ser transformada em área de atração para lepidópteros. Para isso, ela deve ser de plantio de flores de alto teor de néctar, em torno da plantação de plantas-alimento para as diversas espécies de lepidópteros da região.
- A concentração de plantas-alimento nativas ou cultivadas na área atrai e facilita a reprodução das espécies. Interessados na criação devem formar viveiros de plantas para a reposição de mudas.
- O ciclo de reprodução da borboleta começa na área de planta-alimento, com a colocação dos ovos, na vegetação.
- A área deve receber "isolamento" contra predadores naturais, como formigas, aranhas, lagartixas e ratos.
- Do ovo emerge a lagarta de borboleta que, depois de consumir o conteúdo nutritivo do ovo, começa a alimentar-se das folhas de planta-alimento.
- O desenvolvimento das lagartas deve ser acompanhado nas diversas fases de ecdise (mudança de pele) e elas devem ser distribuídas equitativamente sobre as folhas de planta-alimento.
- Antes da última ecdise, as lagartas devem ser coletadas manualmente, para serem alimentadas em caixas.
- Junto à área deve ser construída uma meia-água onde as lagartas de borboletas coletadas devem ser acomodadas em caixas de madeira cobertas com tela metálica fina.
- As lagartas devem ser alimentadas com a planta-alimento nas caixas até a fase de pupa, que acontece normalmente na parte superior ou nas laterais da caixa, onde ficam protegidas contra intempéries e predadores.
- A emergência do adulto também ocorre nas caixas.
- Quando já conseguem voar, as borboletas devem ser retiradas uma a uma e examinadas, para verificar seu sexo e se são perfeitas. As fêmeas que nascem perfeitas devem ser soltas imediatamente na mesma área, acompanhadas por dois machos perfeitos.

- Como a relação de emergência de machos e fêmeas observada é de no mínimo 5:1 e no máximo 40:1, haverá sobra de machos, dependendo da espécie.
- Os machos que sobram são o resultado físico do plano de manejo sustentado para a criação de lepidópteros e são encaminhados para uso científico, comercial e industrial depois de mortos.

Fonte: Renctas – Rede Nacional contra o Tráfico de Animais Silvestres.

DÚVIDAS MAIS FREQUENTES

Jussara Pereira Prado
João Angelo Cerignoni

GLOSSÁRIO

Significados de termos, expressões e palavras usadas neste livro

Sombrite. Tela para proteção e sombreamento, tem como principal função a proteção das plantas do sol. São diversas as opções em fios e porcentagem de filtragem.

Plantas armadilhas. Vasos mantidos em casa de vegetação com várias espécies de plantas nas quais as fêmeas fazem a postura e de onde são recolhidos os ovos.

Criação autossustentável. A partir de coletas em campo, reproduz-se este material em cativeiro e formam-se gerações, explorando de forma não predatória e possibilitando a soltura de espécies.

Criação artificial. Aquela conseguida em laboratório, não na natureza.

Feromônio. Os feromônios ou feromonas são substâncias quimicas que, captadas por animais de uma mesma espécie, permitem o reconhecimento mútuo e sexual dos indivíduos.

Turgescência. Confere higidez às plantas, tornando suas folhas palatáveis para as lagartas.

Osmetério. Órgão de defesa protátil em forma de ípsilon (Y). Exala um cheiro desagradável e está presente nas lagartas de Papilionidae.

O que é metamorfose em insetos?

O estado imaturo de uma espécie que sofre metamorfose é chamado de larva ou ninfa, de acordo com a natureza do desenvolvimento pós-embrionário da espécie. Alguns insetos nascem com a forma geral do adulto (ninfa), e a metamorfose até a forma adulta é normalmente marcada pelo desenvolvimento das asas. Este tipo de metamorfose é denominado metamorfose gradual, simples ou incompleta.

Holometabolia é o desenvolvimento dos insetos de metamorfose completa, com quatro fases bem distintas: ovo, larva, estado bem ativo, seguido de um estado inativo conhecido por pupa, emergindo finalmente o adulto. Esses insetos são denominados holometabólicos.

Relativamente à questão se o inseto passa mais tempo na forma adulta ou na imatura, depende da espécie. Exemplos notáveis são, por exemplo, os efemerópteros cujo estado adulto reduz-se a um ou a alguns dias, ou o caso de uma espécie de cigarra cujo estágio imaturo subterrâneo dura 17 anos. Apesar disso, esta espécie apresenta metamorfose incompleta. Geralmente, nas espécies nas quais a fase adulta é mais longa que a imatura, ocorre a metamorfose completa.

Observação: Os termos lagarta e crisálida são sinônimos de larva e pupa, respectivamente, quando se referem à Ordem Lepidoptera.

O que são lepidópteros?

São insetos representados pelas borboletas e mariposas, que possuem escamas coloridas nas asas. Como todo inseto, os lepidópteros têm o corpo dividido em três partes: cabeça, tórax e abdome. Na cabeça, possuem um par de antenas, um par de olhos compostos (formados por vários omatídeos e o aparelho bucal) na forma de um canudinho (espirotromba) usado para sugar alimentos líquidos, como o néctar das flores ou frutos fermentados. No tórax há seis pernas e dois pares de asas. Os órgãos reprodutivos encontram-se no abdome.

Borboletas e mariposas apresentam quatro fases distintas em seu desenvolvimento: ovo, lagarta, pupa ou crisálida e adulto.

Qual a diferença entre borboletas e mariposas?

As borboletas voam durante o dia e têm asas de cores brilhantes e variadas. As antenas são clavadas, parecendo cabeça de fósforo.

As mariposas voam à noite e em geral têm cores escuras, embora haja exceções. As antenas são filiformes (em forma de fio) ou pectinadas (em forma de pente).

Como as borboletas se reproduzem?

Assim que saem da crisálida, as borboletas estão prontas para se reproduzir. Os machos localizam as fêmeas através de feromônios (hormônios produzidos pelos animais para atrair o sexo oposto). Se a fêmea aceita o macho, eles unem a parte final de seus abdomes e se mantêm assim por algum tempo. Permanecem em um mesmo lugar ou realizam pequenos voos. Durante este período, o macho passa para a fêmea um "pacote de esperma" chamado espermatóforo, que fertilizará os ovos.

Por que as lagartas se transformam em borboletas?

Porque a lagarta é a fase da vida do inseto na qual ocorre o crescimento e o acúmulo de reservas, mas ela não se reproduz. A borboleta é o adulto que faz a postura de ovos e a dispersão. Portanto, é nesta fase que ocorre a produção de novos indivíduos e a colonização de novos ambientes.

As lagartas de borboleta não são urticantes e não fazem casulo, como pode ocorrer entre as mariposas.

Quanto tempo uma borboleta vive?

Isso varia de acordo com a espécie. Em média, uma borboleta vive duas semanas, mais ou menos. Uma espécie da Costa Rica vive cerca de dois dias. Algumas espécies tropicais vivem de seis meses a um ano. (A borboleta monarca, que migra do Canadá para o México, pode viver até nove meses.)

Por que as borboletas têm as asas coloridas?

As cores brilhantes podem sinalizar aos predadores, em geral pássaros, que determinada borboleta é tóxica. Outras borboletas e mariposas, embora não sejam tóxicas, podem ter cores que imitam (mimetizam) as espécies tóxicas e, assim, acabam sendo protegidas dos predadores. Algumas borboletas e mariposas possuem cores semelhantes às do ambiente, ficando "camufladas" e, portanto, menos visíveis aos predadores.

Quantas borboletas e mariposas existem e onde são encontradas?

As borboletas e as mariposas são encontradas em todos os continentes, exceto na Antártida. Os cientistas acreditam que haja cerca de 12 a 15 mil espécies de borboletas e de 150 a 250 mil espécies de mariposas no mundo. No Brasil, mais de 3.500 espécies de borboletas já foram descritas. No Cerrado, existem aproximadamente mil espécies de borboletas e de 5 a 8 mil espécies de mariposas. Milhares de espécies ainda estão por ser descobertas e descritas pelos cientistas.

Qual a diferença entre as borboletas macho e fêmea?

Em muitas espécies de borboletas, as cores das asas dos machos e das fêmeas são diferentes. A maneira mais segura, no entanto, é observar o abdome. As fêmeas têm o abdome mais arredondado e com uma abertura também arredondada na ponta. Os machos têm uma pequena abertura vertical na ponta do abdome. Pode-se fazer também a sexagem das pupas antes da emergência do adulto. Este método, mais complicado, é usado em laboratórios de entomologia.

Existem borboletas e mariposas ameaçadas de extinção?

Borboletas, mariposas e suas lagartas necessitam de plantas e ambientes específicos para sua sobrevivência e, por essa razão, são especialmente vulneráveis à degradação ambiental. Em todo o mundo, há várias espécies em risco de extinção. No Brasil, segundo o Ibama (Portaria nº 1.522/1989 e nº 45-n/1992), a lista oficial de espécies da fauna brasileira ameaçadas de extinção inclui várias borboletas, das quais algumas já são consideradas extintas.

É seguro tocar uma lagarta ou borboleta?

Algumas lagartas de mariposa são recobertas por pelos urticantes que podem causar desde um ligeiro desconforto até queimaduras leves. A maioria das lagartas é inofensiva, mas algumas podem matar, como a lagarta macaquinho, espécie de *Lonomia*. Crisálidas e borboletas são extremamente delicadas e podem ser danificadas facilmente, mas as lagartas são inofensivas ao toque. As asas das borboletas são recobertas por escamas. Estas escamas se soltam e formam um pó que pode irritar os olhos, como qualquer tipo de poeira. A afirmação de que o pó das asas das borboletas pode cegar não é verdadeira.

A melhor forma de aprender sobre os insetos é observá-los em seu ambiente natural.

O que é preciso fazer para criar uma lagarta?

É preciso primeiro encontrar lagartas em plantas de jardins, quintais ou terrenos baldios. É importante pegar algumas folhas ou galhos da planta (hospedeira) onde a lagarta foi encontrada. Se a planta não estiver em um local de fácil acesso, deve-se pegar uma quantidade maior de folhas e guardá-las em um saco plástico na geladeira. Coloca-se a lagarta e um pouco de folhas frescas dentro de um vidro com furos na tampa, de uma caixa de sapato ou de uma garrafa "pet" cortada ao meio e com alguns picotes em uma das metades para que uma parte se encaixe na outra. As folhas velhas devem ser substituídas por outras frescas e as fezes devem ser retiradas diariamente. Depois de alguns dias, a lagarta para de comer, fica imóvel e se transforma em pupa (crisálida). Basta esperar mais alguns dias para ver a borboleta (ou mariposa) esticar e secar as asas antes de voar. Pode-se fotografar a borboleta antes de soltá-la.

Onde é possível encontrar mais informações sobre borboletas, mariposas e sua criação?

Alguns cuidados e recomendações técnicas para a criação de borboletas podem ser obtidos consultando-se:

Borboletas: beleza e comportamento de espécies brasileiras, de L. S. Otero & L. C. Marigo. Visual, 1990.

Borboletas – Livro do naturalista, de L. S. Otero. MEC/FAE, 1986. [Este livro pode ser utilizado como um guia de identificação das espécies mais comuns.]

A vida da borboleta, de R. M. Rodrigues. Moderna, 1998.

Quarto catálogo dos insetos que vivem nas plantas do Brasil, de Aristóteles G. A. Silva, Cincinnato R. Gonçalves, Dario M. Galvão, Américo J. L. Gonçalves, Jair Gomes, Mário do Nascimento Silva e Lucia de Simone. Ministério da Agricultura, Serviço de Defesa Sanitária Vegetal, Laboratório Central de Patologia Vegetal, 1968.

Insetos do Brasil, de A. da Costa Lima. Série didática, 2, da Escola Nacional de Agronomia do Rio de Janeiro, 1938.

Estudo dos insetos: Introdução ao estudo dos insetos, de Donald J. Borror & Dwight M. DeLong. Editora da Universidade de São Paulo, 1969.

Entomologia agrícola, de Domingos Galo (*in memoriam*), Octavio Nakano, Sinval Silveira Neto, Ricardo P. L. Carvalho, Gilberto C. de Baptista, Evoneo Berti Filho, José Roberto Postali Parra, Roberto Antonio Zucchi, Sérgio Batista Alves, José Djair Vendramim, Luiz Carlos Marchini, João Roberto Spotti Lopes e Celso Omoto. Editado por Fealq, Biblioteca de Ciências Agrárias Luiz de Queiroz, v. 10, Piracicaba, 2002.

Esalq: www.esalq.usp.br/borboletas

LAGARTAS URTICANTES

ROBERTO HENRIQUE PINTO MORAES,
Instituto Butantan

No Brasil, destacam-se como agentes causadores de problemas dermatológicos as lagartas com cerdas urticantes das famílias Arctiidae, Limacodidae, Megalopygidae e Saturniidae. Essas lagartas são popularmente conhecidas como "taturanas".

Lonomia obliqua (Saturniidae) tem lagartas urticantes de hábito gregário. Suas cerdas são de coloração verde musgo, confundindo-se com os troncos das árvores, e as pessoas acidentalmente podem tocá-las. Após a introdução das cerdas, na pele humana, é liberada uma toxina que impede a coagulação do sangue e provoca distúrbios hemorrágicos. Em casos mais graves, o veneno pode levar o indivíduo à morte. Os sintomas são diferentes daqueles causados pelas taturanas da maioria da espécies. A partir de 1989 foram relatadas centenas de casos hemorrágicos e óbitos devido ao contato com lagartas de *Lonomia obliqua*, nos Estados do Rio Grande do Sul e de Santa Catarina, onde são popularmente conhecidas por lagarta-taturana, oruga ou ruga. Nessa mesma época verificou-se também a presença de *Lonomia obliqua* no Estado de São Paulo.

Principais características de *Lonomia obliqua*

As lagartas de *Lonomia obliqua* eclodem após 18 dias de desenvolvimento embrionário. O primeiro alimento são as cascas dos próprios ovos; em seguida, iniciam o repasto das folhas das plantas hospedeiras (que podem ser plantas de matas, como cedro, aroeira etc., e frutíferas comestíveis, como abacateiro, ameixeira etc.). Alimentam-se intensamente à noite; durante o dia, "descansam" nos troncos.

O período larval é de 85 dias, e nele as lagartas trocam de pele (ecdise) seis vezes. O final do período larval é caracterizado pela dificul-

Lep. Saturniidae *Automeris* sp. – Lagarta Pinheirinho.

Lep. Saturniidae *Lonomia obliqua* – Lagarta Assassina.

Lep. Megalopygidae *Podalia* sp. – Lagarta Cachorrinho.

dade de locomoção, curvamento do corpo, perda das cerdas e início do crescimento do cremáster (estrutura pontiaguda caudal). O inseto encontra-se nesse momento na fase de pré-pupa. Na fase de pupa, ele não se alimenta; permanece imóvel por 30 dias, na base das árvores, protegido por resíduos vegetais, transformando-se em mariposa macho ou fêmea. Os alados, após emergirem, "esticam as asas" e estão prontos para a cópula, que ocorrerá em poucos dias. As fêmeas fecundadas fazem a postura de centenas de ovos, reiniciando o ciclo biológico. As mariposas de lonomias são efêmeras. Não se alimentam devido ao aparelho bucal atrofiado e vivem em média 15 dias.

Os acidentes com lonomias ocorrem com lagartas de 5º e 6º ínstares. Nestes estágios, as lagartas permanecem durante o dia nos troncos das árvores, próximo ao solo, e é maior a chance de contato com as pessoas. O soro antilonômico, único fármaco capaz de reverter os efeitos hemorrágicos do veneno de lonomias, é produzido no Instituto Butantan, a partir das cerdas das lagartas de 5º e 6º ínstares. O reconhecimento das lagartas nestes ínstares é possível pelas seguintes características: hábito gregário; comprimento de aproximadamente 7 cm; tegumento marrom; cerdas verde-musgo e manchas dorsais em semicírculos, destacando-se uma maior, branca, próxima à cabeça, semelhante a uma letra V ou U.

Distribuição geográfica de *Lonomia* sp. e outras lagartas venenosas

Do gênero *Lonomia* são conhecidas onze espécies, com distribuição neotropical. A lista completa das espécies americanas pode ser encontrada em Lemaire (2002).

No Brasil, *Lonomia obliqua* ocorre no Sul e no Sudeste, enquanto *Lonomia achelous* habita a Região Norte. Em 1994 foi registrada a presença de *Lonomia achelous* também em Minas Gerais. Nesse mesmo ano ocorreram acidentes hemorrágicos por contato com lagartas em Goiás e no Maranhão, porém as espécies de *Lonomia* não puderam ser identificadas.

Os gêneros *Automeris*, *Dirphia* e *Hylesia* incluem várias espécies venenosas e estão presentes também na região neotropical.

Embora megalopigídeos, arctídeos e limacodídeos ocorram em todo o mundo, predominam na região neotropical. No Brasil, são encontrados em todo o território nacional.

Referência bibliográfica

LEMAIRE, C. *The Saturniidae of America. Hemileucinae.* Parts A, B, C. Goecke & Evers, Keltern, 2002. 1.388 p.

Agradecimento

Aos que colaboraram para a realização desta obra:

Stela Silveira Camargo
Bióloga. Estagiária do Departamento de Entomologia e Acarologia – Esalq/USP.

Carlos Giovani Tonet
Engenheiro Florestal. Vallourec & Mannesmann Tubes do Brasil. V & M Florestal Ltda.

Heraldo Negri de Oliveira
Biólogo. Técnico de Laboratório do Departamento de Entomologia e Acarologia – Esalq/USP. Autor de algumas fotos publicadas neste livro.

Cynira Any Jovilhana da Silva Gabriel
Bióloga. Responsável Técnica pelo Borboletário da Reserva Florestal Mata de Santa Genebra do Distrito de Barão Geraldo, Campinas, SP.

André Victor Lucci Freitas
Biólogo. Professor da Unicamp. Departamento de Zoologia, Instituto de Biologia, Universidade Estadual de Campinas. Ecologia, Sistemática e Evolução de Lepidoptera.

Lucas Augusto Kaminski
Biólogo. Doutorando em Ecologia.
Programa de Pós-Graduação em Ecologia, Universidade Estadual de Campinas.

Jussara Pereira Prado
Bióloga. Mestre em Ecologia pela UnB. Analista em C&T.

Roberto Henrique Pinto Moraes
Pesquisador Científico. Laboratório de Parasitologia/Entomologia, Instituto Butantan.